石油高等教育"十二五"规划教材

采油模拟仿真系统实训操作指导书

闫方平 编 著

中国石油大学出版社

图书在版编目（CIP）数据

采油模拟仿真系统实训操作指导书/闫方平编著.
—东营：中国石油大学出版社，2012.9
ISBN 978-7-5636-3804-8

Ⅰ.①采… Ⅱ.①闫… Ⅲ.①石油开采－仿真系统－
教材 Ⅳ.①TE35

中国版本图书馆 CIP 数据核字（2012）第 197031 号

书　　名：采油模拟仿真系统实训操作指导书
作　　者：闫方平

责任编辑：穆丽娜（电话 0532－86981531）
封面设计：青岛友一广告传媒有限公司

出 版 者：中国石油大学出版社（山东 东营　邮编 257061）
网　　址：http://www.uppbook.com.cn
电子信箱：shiyoujiaoyu@163.com
印 刷 者：山东省东营市新华印刷厂
发 行 者：中国石油大学出版社（电话 0532－86981532）
开　　本：140 mm×202 mm　印张：2.625　字数：59 千字
版　　次：2012 年 9 月第 1 版第 1 次印刷
定　　价：6.50 元

本书是高职高专石油工程类实训教材,实训内容贴近现场实际,具有较高的可操作性和一定的实用价值,可供石油工程及相关专业学生进行实训操作,也可供现场人员培训使用。

全书内容主要包括采油模拟仿真实训总体概括、实训室实训守则、实训室重点设备介绍、采油计量站实训系统、原油集输站实训系统、污水处理站实训系统和配水及注水井实训系统。本书在内容上完全按照现场流程进行编排,各个流程自成体系,其中每个流程又包括不同的实训项目供学生实训;在理论教学上,以"够用"为原则,理论介绍简明扼要,重点讲解设备的基本特点及用法。

全书由承德石油高等专科学校石油工程系 0902 班部分学生协助编写,并由田乃林教授审稿,在此一并表示感谢。

由于编者水平有限,加之时间仓促,疏漏和不妥之处在所难免,恳请广大读者批评指正。

编 者

2012 年 6 月

Contents

目录

第一章

采油模拟仿真实训系统总体概括

特别提示

　　由于该系统操作复杂,因此在操作设备时,请仔细阅读实训指导书。只有在专业教师在场的情况下,才可进行使用及操作,未经培训的人员禁止操作。

一　建设思路

　　为使学生在校期间熟练、全面、系统地掌握实际操作技能,特开设采油模拟仿真实训课程。

　　如果学生在没有实际操作培训的前提下操作现场设备,则会存在一定的危险性。因此从安全角度考虑,应让学生在仿真实训设备上,根据已学到的理论知识进行实际操作锻炼。经仿真实训设备培训后的学生,在走出校门进入石油行业后,拥有更好的实际操作能力和适应能力,可缩短学生进入油田后的工作适应期,提高石油行业技术人员的队伍素质。

　　仿真实训设备是对现场工艺设备的高仿真模拟,同时具有实际操作性。本系统从采油工工种的职业技能培训需求出发，本着实用性与前瞻性相结合、职业技能培训与鉴定相结合、实训装备的硬件与技能训练仿真软件相结合的思想，对采油计量、原油加热集输、污水处理及配水/注水工艺过程进行仿真模拟。

二　系统特点

1. 系统性

自动化采油综合模拟仿真系统包括采油计量站、原油加热集输站、污水处理站和配水/注水站四大子系统，是一套系统的工艺过程。

2. 可操作性强

实训系统内的配套设备具有高度的可操作性，学生可对设备进行实际操作。

3. 专业性

自动化采油综合模拟仿真系统依照油田现场实际操作流程，进行高仿真模拟，保证实训流程与油田实际生产流程高度一致。

4. 安全性

系统设备高度重视操作的安全性，通过一系列的试压实训，并配备齐全的安全设备（液压安全阀、管道安全阀、机械呼吸阀及罐体放空阀等）。实训系统的气源（空气）由气液混合泵或空气压缩机提供，既能保证实训气源的供应，也不会带来由大型高压给气设备产生的高压危险，从而保证学生在操作设备时的安全。

5.高仿真性

系统设备按照现场设备进行模拟,同时对重点设备的内部结构、工作原理做深入的剖析,采用实物与软件模拟相结合的方式,便于学生对设备的实际操作及原理的掌握。

6.自动化程度高

自动化采油综合模拟仿真系统按照现场流程,设置相应的检测、控制点位,并通过现场通讯模块传送信号至 DCS 中控室计算机,学生可通过主机或学生机进行观测和控制。

7.适用范围广

自动化采油综合模拟仿真系统同时具备在校学生实训、采油工技能培训的功能,是一套兼具教学、科研和培训等多重功能的综合模拟仿真系统。

三　功能模块组成

1.采油计量站实训系统
2.原油集输站实训系统
3.污水处理站实训系统
4.配水及注水井实训系统

第二章

实训室实训守则

一 学生实训守则

1.学生上实训课时应穿戴好实训服装,按时到达指定实训室,不得迟到、早退和旷课。

2.学生在实训前要预先做好课前准备,进入实训室必须听从实训室管理人员及指导教师的安排,有秩序地到指定位置上进行实训。

3.实训前要认真阅读实训指导书,在启动设备之前,须经指导教师检查认定后方可操作,不准随意启动、拆卸和移动设备。

4.实训开始时,学生应先检查设备、仪器、材料是否齐全,不得随意调换。实训中严格按实训步骤逐步进行,必须注意安全。

5.实训时要严肃认真,正确操作,仔细观察,真实记录实训数据和结果。不许喧闹谈笑,不做与实训无关的事,不动与实训无关的设备,不进与实训无关的场所。

6.在实训室内使用水、电、气或使用有毒、有害药品时要注意安全,如不会使用或不明白,应请教后再使用。

7.仪器设备发生不正常现象时,应立刻停止操作并及时报告指导教师。发生安全事故时,应立即切断相关的电源、气源等,并听从指导教师的指挥,要沉着冷静,不要惊慌失措。

8.实训中要爱护仪器设备,节省材料。如发现仪器设备损坏,应及时报告指导教师,查明原因。凡属违反操作规程导致设备毁坏的,要追究责任,按照物品损坏赔偿规定进行赔偿。

9.实训结束后,实训数据要经指导教师审阅、签字。关好水、电、气、门、窗并整理好实训现场后,方可离去。

10.严禁将实训室的设备、仪器或药品带出实训室;严禁将与实训无关的人员带入实训室;严禁在实训室吃零食和做有碍他人工作的活动。

11.凡违反此管理规定,造成不良后果者,按照学校有关规定给予相应的处分。

二　实训室安全卫生制度

1.实训室是重要的教学和科研场所,进入实训室的一切人员都应当树立安全意识,认真履行安全职责,严格遵守安全规定,自觉服从安全管理。

2.定期组织开展消防安全讲座,向实验人员介绍应对突发意外事故的自救、自护知识,增强预防事故的能力。

3.实训室应配齐配足消防器材,保持实训室通道和门口的畅通,保证灭火药品规格正确、药性有效。实训室人员必须熟悉灭火器材的放置地点与使用方法,不准损坏或外借消防器材。

4.实训室应加强用电管理,保证用电安全。要加强对电路的检查和对师生用电常识的教育,严禁私自接电或超负荷用电。

5.实训室应加强对易燃、易爆、放射、剧毒等危险物品的管理。对危险物品的存放和使用,要制定出严格的管理制度、安全制度以及防护措施。

6.实训室应定期进行安全检查,及时发现并排除安全隐患。

7.实训室的钥匙应加强管理,不得私自配备或转借他人。与本室无关的人员,未经批准不得入内。

8.每次实训后都应及时关闭实训室的门、窗、水、火、电,做好防盗、防火、防水、防电、防事故工作。

9.实训室内应保持安静、整洁,严禁高声喧哗、吸烟、随地吐痰、吃零食和乱扔纸屑杂物。

10.实训室内要严格遵守卫生制度,重视文明操作,教育学生保持室内卫生。实训课结束后要及时整理、清洗仪器设备和其他工具,废物、废液必须按规定倒入指定容器内。

三 注意事项

1.进入实训室后应先打开墙壁上的电源插座开关。

2.离开实训室时请将计算机及墙壁上的电源插座开关关闭。

3.由于未按操作规程操作、违反电气操作常识及人为故意损坏而引起的设备故障及损失,应由第一责任人赔偿。

4.原油计量站、原油集输站及污水处理站水套加热炉运行前,请先确定水套炉内是否有水,严禁加热管干烧,防止造成毁坏及危险,且炉内水液位不得低于水套炉总液位的一半。不得随意拆卸加热管。

5.实训过程中要通过电脑操作界面和现场液位计密切注意各罐体液位。连接泵的罐体,其液位不得低于泵运行液位高度。泵严禁无水运转。

6.罐体在注水过程中,应打开顶部放空阀,待水位到达要求高度后,再关闭放空阀。

第三章

重点实训设备介绍

一 离心泵

泵的作用是提高液体的位能、压能或增加液体的输送能量以及进行能量传递。在原油长距离输送管道生产中，泵是输油生产的心脏设备。

泵按工作原理和结构特点可分为叶片式泵和容积式泵两大类。叶片式泵靠叶轮旋转把机械能传给液体，使液体比能增加，而容积式泵依靠泵体容积的变化，由往复运动或旋转运动的活塞或转子挤压液体，使液体比能增加。

离心泵是叶片式泵的一种，主要依靠一个或数个叶轮旋转时产生的离心力输送液体。离心泵主要由吸入管、排出管和泵体组成。离心泵按叶轮级数分为单级离心泵（泵中只装有一个叶轮）和多级离心泵（同一个泵轴上装有两个以上串联的叶轮）。本实训室用到的离心泵如图3-1所示。

离心泵的工作原理是启泵前先用液体灌满泵壳的吸液管道，然后驱动电机，使叶轮中的液体作高速旋转运动，产生离心力，通过离心力对液体的作用使液体获得巨大的动能，液体被甩出叶轮，经蜗形泵壳中的流道流入泵的压力管道，由压力管道输

图 3-1　离心泵

入管网中。同时,在泵叶轮中心处(泵进口),由于液体被甩出而形成低压,使储液罐中的液体在大气压力作用下沿吸入管进入叶轮的通道,并被高速旋转叶轮向四周甩出,沿蜗壳再经过降速增压,进入排出管,连续排出,形成离心泵的连续输液。

二　立式计量分离器

立式计量分离器由壳体、进出口连接管线、计量玻璃管、散油帽、分离伞、隔板、底水包等组成。本实训室的立式计量分离器如图 3-2 所示。

当油井产物(油气水混合物)由进液口进入分离器后,下落到散油帽上并在散油帽上流散开,在自身重力的作用下向散油帽边缘流动。散油帽的作用就是增大液体的表面积,使气体更容易分离出来。分离出来的气体向上运动,在经过分离伞时可

图 3-2 立式计量分离器

把其中的一部分重组分凝析出来并以液体的形式落到分离器的下部。分离后的液体沿散油帽边缘与壳体之间的空隙落到分离器的底部,由于重力分异作用,会有一部分水分离出来落到底水包中,这部分水定期由排污口排出。计量完成后,分离器中的液体在上部气体压力的作用下,通过外输管线排出。一般情况下,分出的气体也进入外输管线与液体混合外输。

三 计量泵

计量泵是一种可以满足各种严格的工艺流程需要,流量在0～100％范围内无级调节,用来输送液体(特别是腐蚀性液体)的特殊容积泵,也称为定量泵或比例泵。计量泵属于往复式容积泵,通常要求计量泵的稳定性精度不超过±1％。

计量泵由电机、传动箱和缸体三部分组成。传动箱部件由蜗轮蜗杆机构、行程调节机构和曲柄连杆机构组成,通过旋转调节手轮来实现高调节行程,从而改变移动轴的偏心距以达到改变柱塞(活塞)行程的目的。缸体部件由泵头、吸入阀组、排出阀组、柱塞和填料密封件组成。本实训室的计量泵如图 3-3 所示。

图 3-3 计量泵

计量泵的工作原理是电机经联轴器带动蜗杆并通过蜗轮减速使主轴和偏心轮作回转运动,由偏心轮带动弓型连杆在滑动调节座内做往复运动。当柱塞向后死点移动时,泵腔内逐渐形成真空,吸入阀打开,吸入液体;当柱塞向前死点移动时,吸入阀关闭,排出阀打开,液体在柱塞内进一步运动并排出。通过泵的往复循环工作形成连续有压力、定量的排放液体。

四 流量计

1. 涡轮流量计

涡轮流量计属于叶轮式流量计,利用流量计置于流体中时叶轮旋转角速度和流体流速之间存在的函数关系,得出角速度与流体瞬时和累积体积流量之间的比例关系。

涡轮流量计主要由壳体、前支撑件、后支撑件、叶片、叶轮、线圈、脉冲信号放大器、磁钢、连轴顶尖等组成。本实训室的涡轮流量计如图 3-4 所示。

图 3-4　涡轮流量计

涡轮流量计的工作原理是当被测流体通过前支撑件冲击叶轮时，由于叶片和轴向间有一适当的夹角 A，动能将分解为：①叶轮圆周切向力矩，可使叶轮旋转；②与进口流向成 A 角的液流力矩。理论和实验证明，在一定流量范围和运动粘度下，涡轮旋转角速度和流体流速成正比，因此可通过测量旋转角速度间接测量流体流量。

2. 电磁流量计

电磁流量计是根据法拉第电磁理论发展起来的一种新型流量计，用来测量导电流体的体积流量。因其独特的测量特性，可测量酸、碱、盐等腐蚀性流体，计量各种易燃、易爆介质及污水，以及石油化工、食品、医药等各种浆液。本实训室的电磁流量计如图 3-5 所示。

电磁流量计包括传感器与信息处理器两部分，可进行分开安装或整体安装。分开安装时，传感器将流量信息转换成感应

图 3-5　电磁流量计

电动势,利用电缆送到信号处理单元,经过放大、整形、A/D 转换变成数字信号,以便显示、存储或输出到其他计算机上;整体安装时,可设置成智能化,其功能与分开安装时相同。

电磁流量计的特点如下:

(1) 结构简单,能耗低;

(2) 可检测腐蚀性介质、脏污介质以及悬浊性固液两相流的体积流量;

(3) 在检测过程中,不受被测介质的温度、压力、密度、粘度等影响;

(4) 无机械惯性,分辨率高,可测瞬时脉动流量,且可进行正反流向测量;

(5) 测量过程只与管道内流体的平均流速有关,与流动状态无关,最大流速/最小流速可达 100∶1;

(6) 不能测量气体、蒸汽以及含有大量气体的流体;

(7) 不能测量介电常数较低的液体,对原油和其他石油制品无能为力;

(8) 不能测量温度较高的流体;

(9) 易受外界电磁干扰。

五　液位计

工业上用的液位计种类很多,按其工作原理可分为磁翻柱液位计、玻璃管式液位计和插入式磁浮子液位计等多种。

1.磁翻柱液位计

本实训室的磁翻柱液位计如图 3-6 所示。

图 3-6　磁翻柱液位计

磁翻柱液位计是根据浮力原理和磁性耦合作用原理工作的。当被测容器中的液位升降时,液位计主导管中的浮子也随之升降,浮子内的永久磁钢通过磁耦合传递到现场指示器,驱动红、白翻柱翻转 180°。当液位上升时,翻柱由白色转为红色;当液位下降时,翻柱由红色转为白色。指示器的红、白界位处为容器内介质液位的实际高度,从而实现液位的指示。

2.玻璃管式液位计

玻璃管式液位计是一种传统的直读式液位测量仪表,其上、下端安装法兰,与容器相连接构成连通器,透过玻璃板可直接观察到容器内液位的实际高度,如图 3-7 所示。上、下阀门装有安全钢珠,当玻璃因意外损坏时,钢珠在容器内压的作用下自动密封,防止容器内液体外溢,并保证操作人员安全。在仪表的阀端有阻塞孔螺钉,可用于取样,或在检修时用于放出仪表中的剩余液体。

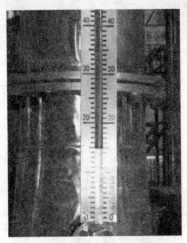

图 3-7　玻璃管式液位计

3. 插入式磁浮子液位计

插入式磁浮子液位计和被测容器形成连通器,保证被测量容器与测量管体间的液位相等。用户还可根据工程需要,配合磁性控制开关使用,对液位进行监控报警或对进液、出液设备进行控制。插入式磁浮子液位计具有显示直观醒目、安装方便可靠、维护量小、维修费用低等优点。本实训室的插入式磁浮子液位计如图 3-8 所示。

六　水套加热炉

水套加热炉是一种间接式加热设备。被加热介质(原油、天

图 3-8　插入式磁浮子液位计

然气、水等)在壳体内的盘管(由钢管和管件组焊成的传热元件)中,由中间载热体(水)加热,而中间载热体(水)则由火管直接加热,称为火管式加热炉,又称为水套加热炉。

水套加热炉由加热炉(壳程)和热交换管(管程)两部分构成,壳程承压较低,管程承压较高。其基本结构是卧式内燃两回程的火管烟管结构形式,由火管、烟管、加热盘管、加热炉附件等组成。火管布置在壳体的下部空间,烟管布置在火管的另一侧,火管与烟管形成 U 形布置;加热盘管布置在壳体的上部空间。本实训室的水套加热炉如图 3-9 所示。

图 3-9　水套加热炉

燃烧器在加热炉的火管中燃烧产生高温烟气,高温烟气通过火管时以辐射方式、通过烟管时以对流方式将燃料燃烧产生的热量传递给中间载热体(水),中间载热体(水)再与加热盘管中的被加热介质(原油、天然气、水等)进行换热,以满足被加热介质(原油、天然气、水等)的加热要求。

七 油气分离器

1.油气分离机理

根据油气分离机理不同,目前常用的分离方法有重力分离、碰撞分离和离心分离。

(1)重力分离是利用原油与天然气的密度不同,在相同的条件下所受地球引力不同的原理进行油气分离的,这是最基本的油气分离方法。实现重力分离的基本途径是使油气混合物所处的空间增大,压力降低,将天然气从原油中分离出来。

(2)碰撞分离是根据分子运动的机理,在油气分子运动的碰撞接触过程中进行油气分离的。这种分离方法主要用于从天然气体中除油,是一种辅助的油气分离方法,常用的如各种分离器中的除雾器。

(3)离心分离是利用油气混合物作回转运动时产生的离心力进行油气分离的。这种分离方式常作为辅助手段,在重力式油气分离器的入口处作为分流器。

2.分离器的种类

在油气集输的过程中,油气混合物的分离总是在一定的设备中进行的。这种根据相平衡原理,利用油气分离机理,借助机械方法,把油气混合物分离为气相和液相的设备称为气液分离器(或油气分离器)。

目前应用于油气集输过程中的分离器有很多种类。按功能不同,可分为气液两相分离器和多功能分离器;按形状不同,可分为卧式分离器、立式分离器和球形分离器;按作用不同,可分为计量分离器和生产分离器;按工作压力不同,可分为真空分离器(小于 0.1 MPa)、低压分离器(0.1~1.5 MPa)、中压分离器(1.5~6.0 MPa)和高压分离器(大于 6.0 MPa)。

(1)气液两相卧式分离器。

气液两相卧式分离器具有将油井产物分离为气、液两相的功能。气液混合物由入流分流器进入分离器后,其流向、流速和压力都有突然的变化,在离心分离和重力分离的双重作用下,气液得以初步分离;经初步分离后的液相在重力作用下进入集液部分,气相进入重力沉降部分,其中集液部分和重力沉降部分是分离器的主体,都有较大的体积,使得气液两相在分离器内都有一定的停留时间,以便被原油携带的气泡上升至液面,进入气相,被气流携带的油滴降至液面,进入液相;分离后的液相经液面控制器的出液阀流出,气相经除雾器通过压力控制阀进一步除油后进入集气管线。本实训室的气液两相卧式分离器如图 3-10 所示。

图 3-10　气液两相卧式分离器

卧式分离器适合于处理气油比较大、存在乳状液和泡沫的油气产物,而且分离效果较好。此外,卧式分离器还具有单位处理量成本较低,易于安装、检查、保养等优点。但其占地面积较大,排污困难,往往需要在分离器的底部沿长度方向设置多个排污孔。

(2)多功能处理器。

多功能处理器具有将油气产物分离为油、气、水三相的功能,适用于含水量较高,特别是含有大量游离水的油气产物的处理。这种分离器在油田中高含水生产期的集输联合站内得到广泛的应用。其工作原理、使用特点与两相分离器类似。本实训室的多功能处理器如图 3-11 所示。

图 3-11　多功能处理器

八　天然气除油器

天然气除油器又称轻烃回收罐,主要用来除去油井伴生天然气中的悬浮固、液相杂质。固态杂质主要是由伴生天然气中夹带出来的少量地层岩屑等杂物和设备管线中产生的腐蚀产物,而分离的主要对象是液相杂质,如地层水、凝析油等。

天然气气流一般从除油器筒体的中段进入(顶部为气流出

口,底部为液体出口),先后经过初级分离、二级分离、积液段和除雾段,最后气液分别从顶部出口和底部出口排出。

初级分离:在气流入口处,气流进入筒体后,由于气流速度突然降低,成股状的液体或大的液滴由于重力作用被分离出来,直接沉降到积液段。

二级分离:即沉降段,经初级分离后的天然气流携带着较小的液滴向气流出口以较低的流速向上流动。此时,由于重力作用,液滴向下沉降而与气流分离。

积液段:主要用于收集液体,具有减少流动气流对已沉降液体扰动的作用。一般积液段应有足够的容积,以保证液体中的气体能脱离液体进入气相。分离器的液体排放系统也是积液段的主要组成部分。

除雾段:设置在紧靠气体流出口前,用于捕集沉降段未能分离出来的较小液滴,微小液滴在此发生碰撞、凝聚,最后结合成较大的液滴下沉至积液段。

本实训室的天然气除油器如图 3-12 所示。

图 3-12　天然气除油器

九 立式沉降罐

立式沉降罐适合于含气量少,工作压力接近于常压的情况。工作时,油水混合物经配液管中心汇管通过辐射状配液管进入罐底部的水层内,其中的游离水、破乳后粒径较大的水滴、盐类和亲水固体杂质等在水洗的作用下进入水层;原油及其携带的粒径较小的水滴在密度差的作用下不断向上运动,且水滴不断从油中沉降出来。当原油上升到沉降罐上部液面时,其含水率大大降低,经中心集油槽通过排出管排出。沉降罐底部的污水经由液力管柱塞阀控制高度的上行虹吸管吸至一定高度后,通过下行虹吸管与排水管排出。

辐射状配液管距罐底高度一般为 $0.5 \sim 0.6$ m。在罐底沿长度方向开有若干小孔,为了在罐截面上进料均匀,开孔的直径从罐中心向罐壁方向逐渐增大。

为了充分发挥破乳剂的作用,通常将沉降罐内排出的部分污水回掺到入口管线内,并要求从回掺点流至沉降罐的时间不小于 15 min。

根据原油性质的不同,有的需要增加底水层的高度以增强水洗作用,有的需要减小底水层的高度以增强重力沉降作用,这就需要调节和控制油水层界面的位置。底水层的高度由装在上行虹吸管顶端的液力柱塞阀调节控制。当液力柱塞阀向上运动时,污水流经柱塞和上行虹吸管间隙处的阻力减小,水层高度减小,油层高度增加;当液力柱塞阀向下运动时,污水流经柱塞和上行虹吸管间隙处的阻力增大,水层高度增大,油层高度减小。这样调节液力柱塞阀的柱塞的位置,即可在较大范围内调节沉降罐内油水界面的位置。

当油水混合物中含有一定量的天然气时,可在沉降罐旁设置由大直径立管构成的筒式油气分离器,使混合物沿切线方向进入立管中上部,天然气从立管上部分出,油水混合物从立管底部进入沉降罐。这样,既避免了天然气对罐内油水混合物的搅拌,又避免了油气水不均匀液流对沉降罐的冲击,使沉降罐的沉降效果增强。

本实训室的立式沉降罐如图 3-13 所示。

图 3-13　立式沉降罐

✚ 缓冲罐

缓冲罐主要用于缓冲进入其中的介质系统的压力波动,使该介质系统的工作更加平稳。介质可以是液体、气体或固体。

缓冲罐主要由罐体、缓冲罐来液接口、放空阀、磁浮子液位计、去加热炉接口、机械呼吸阀、液压安全阀、排污口等组成。本实训室中的缓冲罐如图 3-14 所示。

图 3-14　缓冲罐

缓冲罐在使用中应该注意：

（1）使用前确定各个附件（如呼吸阀、安全阀等）安装正确、齐全，管道与罐体连接处焊接严密无渗漏；

（2）使用时应注意罐体内液面，防止因液面过高而对人和设备造成伤害；

（3）使用结束后及时将罐内液体排出，防止液体对罐体造成腐蚀。

十一　电脱水器

电脱水器外形结构主要采用卧式、椭圆形封头、双鞍式支座支撑形式。本实训室的电脱水器如图 3-15 所示。

电脱水器工作时，含水原油通过进液分配管先进入脱水器内油水界面以下的水层中，经水洗作用除去游离水，再自上而下

图 3-15　电脱水器

沿水平截面均匀地经过电场空间,在高压电场作用下,通过削弱水滴界面膜的强度来促进水滴碰撞,使水滴聚结成较大的水滴,从原油中沉降分离出来,并沉降至脱水器底部,经放水排空口排出。原油中的含水率不断降低,最后原油经顶部管线排出。水滴在电场中的聚结方式主要有三种,电泳聚结、偶极聚结和振荡聚结。

　　电脱水器按供电方式可分为交流电脱水器、直流电脱水器、直流交流双重电场脱水器三种。交流电脱水设备简单,投资少,轻质原油的脱水可考虑使用;直流电脱水一般比交流电脱水具有更好的脱水效果;直流交流双重电场脱水一般可用较低的能量消耗获得较好的脱水效果。实验表明,原油电脱水的供电方式应优先采用交直流双重电场。

十二　原油稳定塔

　　原油稳定塔又称负压闪蒸塔,其稳定效果的好坏取决于蒸发面积和蒸发时间。负压稳定塔在结构上应具有塔内压降小、结构简单、蒸发面积大、闪蒸时间长等特点,可满足一次气化的要求。

由喷淋装置均匀喷出的来料,经过多层筛孔式塔板,其闪蒸面积逐渐扩大,加之在一定的负压条件下,原油中的轻组分不断从液相中分离出来。分离出的气体通过塔板的筛孔上升,与筛板上滞留的液体形成良好的气液传质。在负压闪蒸情况下,为获得较大的闪蒸面积,要求筛板塔的筛孔直径足够大,通常要求达到原油能从筛孔中向下淋降的程度,因此筛孔直径是按达到足够的闪蒸面积来确定的。

塔板是稳定塔的主体结构,对负压稳定塔来说,塔板数和塔板的布置形式应该满足闪蒸面积的需要。目前常用的负压稳定塔的塔板块数为 4~6 块,塔板布置形式有悬挂式筛板和折流式塔板两种。本实训室的原油稳定塔如图 3-16 所示。

图 3-16　原油稳定塔

目前,在油田原油稳定工艺中,常用的负压稳定塔大多是在塔内设置数层筛板的筛板塔。来料通过筛孔板式喷淋装置或多孔盘式喷淋装置均匀地进入塔内。另外，为了提高进料的分散度，更利于脱气，进料喷淋装置与第一块塔板之间一般都有较大的距离，其喷淋高度大都在 2 m 左右。

十三 外输油罐

外输油罐主要由罐体、缓冲罐来液接口、放空阀、机械呼吸阀、液压安全阀、磁浮子液位计、原油稳定塔来液接口、回掺管接口、外输管接口、排污口等组成。本实训室的外输油罐如图 3-17 所示。

图 3-17 外输油罐

外输油管的基本作用是利用重力分离原理对原油和水进行最后的分离，储存原油并对原油进行外输。

十四 加药罐

加药罐主要由罐体、放空阀、加料口、玻璃管液位计、接泵口、排污口等组成。本实训室的加药罐如图 3-18 所示。

图 3-18 加药罐

加药罐是一种向集输站各个设备中加入化学药品(如破乳剂、表面活性剂等)的设备,以使后续的原油电脱盐脱水、热化学脱水操作能够顺利地进行。

十五 微型空气压缩机

微型空气压缩机由固定座、传动装置及压缩装置组成。固定座设有圆柱容槽、轴杆穿孔、套合管,并设有压缩筒,顶端顶管设有气阀块、簧件及压力表;传动装置由配重块、连动轴杆及传动齿轮组成;压缩装置由连杆、活塞容体、压缩阀片及压缩定位块组成。本实训室的微型空气压缩机如图 3-19 所示。

微型空气压缩机的工作原理是电机运转,空气通过空气过滤器进入压缩机内,压缩机将空气压缩,压缩气体通过气流管道

图 3-19 微型空气压缩机

打开单向阀进入储气罐,压力表指针显示随之上升至 8 bar(1 bar＝0.1 MPa)。大于 8 bar 时,压力开关感应到压力后自动关闭,电机停止工作,同时电磁阀将压缩机机头内气压排至 0。此时,空气开关压力、储气罐内气体压力仍为 8 bar,气体通过球阀排气驱动连接的设备工作,当储气罐内气压下降至 5 bar 时,压力开关通过感应自动开启,压缩机重新开始工作。

十六 阀门类

1. 法兰球阀

法兰球阀主要由阀体、球体、密封圈、阀杆及驱动装置等组成。法兰球是以一个中间开孔的球体作阀芯,靠旋转球体围绕着阀体的垂直中心线作回转运动来控制阀的开启和关闭。法兰球阀在管道中做全开或全关用,可以安装在管道的任何位置,靠旋转手柄来开闭。本实训室的法兰球阀如图 3-20 所示。

图 3-20　法兰球阀

2. 闸板阀

闸板阀主要由阀体、阀盖、阀杆、闸板、密封填料及驱动装置等组成。闸板阀在阀杆的带动下,闸板沿阀座密封面作相对运动,从而达到开闭目的。闸板阀是一种最常用的截断阀,用来接通或截断管路中的介质,适合调节介质流量。闸板阀一般适用于大口径的管道上,主要做切断用,不做节流用,所以必须全开或者全关。

当沿逆时针方向转动手轮时,用键与手轮固定在一起的阀杆螺母随之转动,从而带动阀杆和闸板上升,阀体通道被打开,流体由阀体的一端流向另一端。相反,当沿顺时针方向转动手轮时,阀杆和闸板下降,阀关闭。

本实训室的闸板阀如图 3-21 所示。

3. 针型阀

针型阀主要由阀体、阀针、阀座、阀盖、传动机构等主要部件组成。针型阀是一种可以进行精确调整的阀门,其功用是开启或切断管道通路,通过改变通道截面积来调节介质流量和压力。

图 3-21 闸板阀

当传动机构转动时,阀杆及与阀杆相连的阀针作上下运动,离开或坐入阀座,从而接通或截断针型阀两端的介质流动。调节针型阀的开度,阀针和阀座之间的间隙大小发生变化,介质的流通面积也随之变化,这样就起到了调节介质流量大小的作用,从而改变介质压力的大小。

本实训室的针型阀如图 3-22 所示。

图 3-22 针型阀

4.浮球阀

浮球阀主要由阀门开关位置指示、锁定装置、阀杆防飞结

29

构、防静电装置、防火结构、独特阀座密封结构、中法兰(阀体与左体连接部位)无外漏结构等主要部件构成。本实训室的浮球阀如图 3-23 所示。

图 3-23 浮球阀

浮球阀由曲臂和浮球自动控制水塔或水池的液面,浮球阀是球体无支撑轴,球体被两阀座夹持其中呈"浮动"状态。浮球阀的浮漂始终都要漂在水上,当水面上涨时,浮漂也跟着上升。浮漂上升就带动连杆上升,连杆与另一端的阀门相连,当上升到一定位置时,连杆支起橡胶活塞垫,封闭水源;当水位下降时,浮漂也下降,连杆又带动活塞垫开启。浮球阀是通过控制液位来调节供液量的,其工作原理是依靠浮球室中的浮球受液面作用的降低和升高来控制阀门的开启或关闭。

5.气动调节阀

气动调节阀是由气动执行机构和调节阀连接安装调试后形成的组合仪表,其特点就是控制简单,安全快速,不需另外采取防爆措施。气动调节阀以压缩气体为动力源,以气缸为执行器,并借助于电气阀门定位器、转换器、电磁阀、保位阀等附件驱动阀门,实现比例式调节,接收工业自动化控制系统的控制信号来完成调节管道介质的流量、压力、温度等各种工艺参数。本实训室的气动调节阀如图 3-24 所示。

图 3-24 气动调节阀

气动调节阀存放安装使用注意事项:

(1)调节阀应存放在干燥的室内,通路两端必须堵塞,不准堆置存放;

(2)长期存放的调节阀应定期检查,清除污垢,在各运动部分及加工面上应涂以防锈油,防止生锈;

(3)调节阀应安装在水平管道上,必修垂直安装,阀杆向上;

(4)必须按图示箭头所指示介质流动方向进行安装。

6.电动调节阀

电动调节阀是由电动执行机构和调节阀连接组合后经过机械连接装配、调试安装构成的,主要由阀体、套筒、阀瓣、阀杆等零件组成。电动调节阀主要用于调节工业自动化过程控制领域中的介质流量、压力、温度、液位等工艺参数。

电动调节阀通过接收工业自动化控制系统的信号(如 4～

20 mA)来驱动阀门以改变阀芯和阀座之间的截面积大小,控制管道介质的流量、温度、压力等工艺参数,从而实现自动化调节功能。

本实训室的电动调节阀如图 3-25 所示。

图 3-25 电动调节阀

7.机械呼吸阀

机械呼吸阀是保护油罐安全的重要附件,装设在油罐的顶板上,由压力阀和真空阀两部分组成。它的主要作用是保持油罐的密闭性,在一定程度上减少油品的蒸发损耗;同时可以通过自动通气调节平衡罐内外压力,对油罐起到安全保护作用。本实训室的机械呼吸阀如图 3-26 所示。

机械呼吸阀的工作原理是靠阀盘自身的重量,控制油罐的呼吸压力或吸气真空度,保持罐内一定压力。其压力阀的额定控制压力一般为 2 kPa,真空阀的额定控制压力一般为 -0.5 kPa。当罐内油气压力大于油罐允许压力时,油蒸气经压力阀外逸,此时真空阀处于关闭状态;当罐内油气压力小于油罐允许真空度时,新鲜空气通过真空阀进入罐内,此时压力阀处于关闭状态。允许压力(或真空压力)靠调节盘的重量来控制。

图 3-26 机械呼吸阀

机械呼吸阀的使用注意事项：

（1）机械呼吸阀阀座和阀盘若太轻或有损坏，容易使罐内轻质油品的蒸气大量向罐外散逸，或使阀盘升降失灵，有可能导致爆裂或压瘪变形；

（2）机械呼吸阀有时会因锈蚀而发生堵塞，在冬季会因油蒸气内含水而使阀盘和阀座冻结。

8. 液压安全阀

安全阀由阀体、阀盖、阀座、阀瓣、阀杆、弹簧和扳手等组成，按其结构形式不同可分为弹簧式、杠杆式和先导式三种。

安全阀是一种当介质压力超过规定值时阀瓣自动开启，排放到低于规定值时自动关闭，对管道和机器设备起到保护作用的阀门。安全阀属于自动阀类，可用于锅炉、压缩机、高压容器和管路等因介质压力过高而可能引起爆炸的设施。管道安全阀和液压安全阀均属于安全阀。当机械呼吸阀发生故障时，液压安全阀就能代替机械呼吸阀进行排气或放气，保护罐体安全。本实训室的液压安全阀如图 3-27 所示。

图 3-27　液压安全阀

安全阀的阀瓣上方必须施加载荷。在正常压力情况下，阀瓣在外加载荷的作用下被压在阀座上；当介质压力升到开启压力时，介质对阀瓣的作用力大于外力载荷，阀瓣升起，一部分介质被排放出来，从而使介质中的压力降低；当介质压力下降至外载荷可以克服介质的作用力时，阀瓣又重新压在阀座上，防止介质泄露，从而对人身安全和设备运行起到重要的保护作用。

选择安全阀时，由操作压力决定安全阀的公称压力；由操作温度决定安全阀的使用温度范围；由计算出的安全阀的定压值决定弹簧或杠杆的调压范围；根据操作介质决定安全阀的材质和结构形式；根据安全阀泄放量计算出安全阀的喷嘴直径或喷嘴面积。

安全阀的安装和维护注意事项：

（1）各种安全阀都应垂直安装；

（2）安全阀出口处应无阻力，避免产生受压现象；

（3）安全阀在安装前应专门测试，并检查其密闭性；

（4）对使用中的安全阀应做定期检查。

9.电磁阀

电磁阀是用电磁控制的工业设备,用在工业控制系统中调整介质的方向、流量、速度和其他的参数。电磁阀可以配合不同的电路来实现预期的控制,而控制的精度和灵活性都能够保证。电磁阀有很多种,不同的电磁阀在控制系统的不同位置发挥作用,最常用的有单向阀、安全阀、方向控制阀、速度调节阀等。本实训室的电磁阀如图 3-28 所示。

图 3-28 电磁阀

十七 过滤器

过滤器是输送介质管道上不可缺少的一种装置,通常安装在减压阀、泄压阀、定水位阀或其他设备的进口端,用来消除介质中的杂质,以保护阀门及设备的正常使用。本实训室的过滤器如图 3-29 所示。

过滤器的工作原理是当流体进入置有一定规格滤网的滤筒后,其杂质被阻挡,而清洁的滤液则由过滤器出口排出。当需要

图 3-29　过滤器

清洗时，只要将可拆卸的滤筒取出，处理后重新装入即可，使用维护极为方便。

十八　压力变送器

　　一般意义上的压力变送器主要由测压元件传感器（也称作压力传感器）、测量电路和过程连接件三部分组成，其作用是把压力信号传到电子设备上，进而在计算机上显示压力。

　　压力变送器根据测量范围可分成一般压力变送器（0.001～35 MPa）、微差压变送器（0～1.5 kPa）和负压变送器三种。本实训室的压力变送器如图 3-30 所示。

　　压力变送器的工作原理是压力变送器将被测介质压力的力学信号转变成电流（4～20 mA）这样的电子信号，压力与电压或电流大小呈线性关系，一般是正比关系。因此，压力变送器输出的电压或电流随压力增大而增大，由此得出一个压力和电压或电流的关系式。压力变送器的被测介质的两种压力通入高、低两压力室（低压室压力采用大气压或真空），作用在敏感元件的

图 3-30　压力变送器

两侧隔离膜片上,通过隔离片和元件内的填充液传送到测量膜片两侧。压力变送器由测量膜片与两侧绝缘片上的电极各组成一个电容器,当两侧压力不一致时,测量膜片产生位移,其位移量和压力差成正比,故两侧电容量就不相等,最后通过振荡和解调环节,转换成与压力成正比的信号。

十九　三缸柱塞泵

三缸柱塞泵机组效率高,排量小到中等,扬程高,但维修工作量大,适合注水量小、注水压力高,特别适合小断块油田的注水。本实训室的三缸柱塞泵如图 3-31 所示。

二十　螺杆泵

螺杆泵分为单螺杆式输运泵、双螺杆式输运泵和三螺杆式输运泵,运用螺旋槽旋转时所产生的推进作用,对浓液体或浓浆进行输送。本泵适用于浓浆介质的特殊情况。

图 3-31   三缸柱塞泵

本实训室的螺杆泵如图 3-32 所示。

图 3-32   螺杆泵

二十一　压力过滤罐

　　压力过滤罐是一个立式或卧式的密闭圆柱形钢制容器,过滤压力为 0.1~0.2 MPa,适用于大阻率配水系统较大量的污水过滤。它由滤料层、支撑介质和进水管、排水管、洗水管等组成,其滤料有鹅卵石、磁铁矿、石英砂、无烟煤等。本实训室的压力过滤罐如图 3-33 所示。

图 3-33 压力过滤罐

经初步除油后的污水从进水喇叭口进入滤罐内,自上而下通过滤料层,浮化油和悬浮物被吸附在滤料的表面,或被截留在滤料的空隙中,从而达到污水净化的目的。过滤后的净化水通过配水支管和总管流出。

滤罐工作一段时间后,滤层吸附和截留的悬浮杂质的乳化油逐步达到饱和,滤料将失去过滤能力,造成过滤后的水质达不到质量要求,滤罐的压力损失增加。为使滤罐恢复过滤能力,必须定期对滤料进行反冲洗。反冲洗过程与过滤过程正好相反,将干净的水从滤罐底部引入,自下而上依次通过配水系统、承托层、滤料层,最后通过反冲排水管送回立式除油罐。

第四章

软件操作

一　系统体系结构

　　仿真实训系统由自动化采油综合模拟仿真系统(采油计量站装置、配水站装置、集输站装置、污水处理站装置)、RTU 和SCADA 中控室组成,如图 4-1 所示。

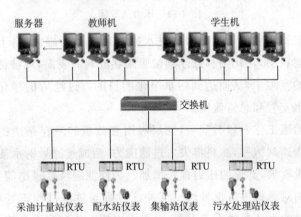

图 4-1　仿真实训系统构成示意图

　　计量站、配水站通过该教室教师机进行操作,其他教室及中控室电脑可通过网页浏览的方式进行软件实训操作;集输站及污水处理站通过服务器与学生机、教师机之间进行数据交互,以达到操作控制的目的。

二 系统主要功能

仿真实训系统的主要功能是完成整个自动化采油工艺的过程仿真,具体功能如下:

(1)对现场设备的管路流量、罐体液位、加热炉温度等进行实时显示;

(2)系统具有控制功能,加热炉温度、多功能处理器温度和部分罐体液位可通过软件平台设置参数,进行手动或自动控制,达到实训要求;

(3)加热设备设有自动报警功能,当罐体水位低于加热水位时将进行报警,以保证设备安全运行。

三 采油计量站实训系统

(1)双击打开"MCGS网络版运行环境",出现如图4-2所示界面。

(2)输入相应班级、姓名、学号、装置号(可从数据库调出相应实训数据),点击"确定",出现如图4-3所示界面。

(3)选择"采油计量站实训实验",出现如图4-4所示界面。

在此界面上可以实时监控管路压力、流量和液位,控制计量分离器液位,并对各电磁阀进行控制。

在操作界面上,电磁阀红色表示关状态,绿色表示开状态,如图4-4中VA1031和VA1032所示。

点击绿色或红色部分对其开、关状态进行转换,进行单个阀的控制，如图 4-5 中 VA1031 所示由关状态变为开状态。

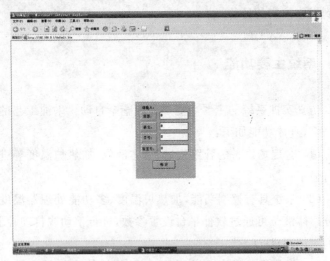

图 4-2 "MCGS 网络版运行环境"界面

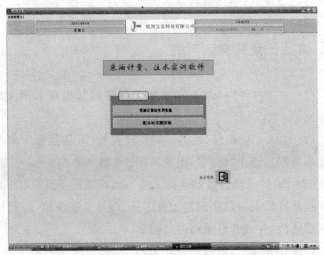

图 4-3 "采油计量、注水实训软件"界面

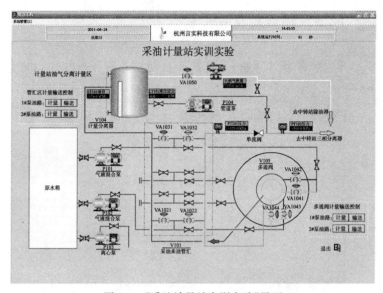

图 4-4 "采油计量站实训实验"界面

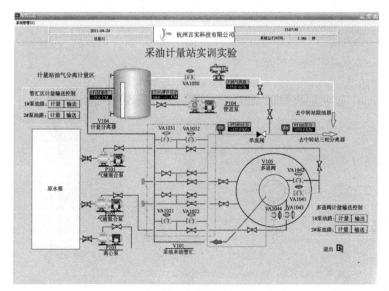

图 4-5 电磁阀开、关状态转换示意图

四 原油集输站实训系统

开启服务器计算机,计算机会自动启动服务器软件,如图4-6所示。

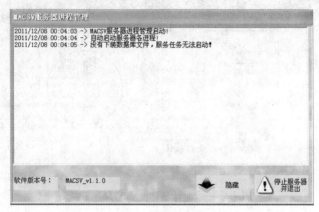

图 4-6 "MACSV 服务器进程管理"界面

开启操作员站计算机,在桌面上双击"操作员在线"图标,进入如图 4-7 所示界面。

图 4-7 "数字油田 DCS 中央控制系统"界面

选择"原油集输系统实训",弹出如图 4-8 所示界面。

在此界面上可以实时监控各罐液位、三相分离器出口流量，并可对加热炉温度、三相分离器液位进行控制。软件中，P 为测量值，S 为设定值，O 为输出值。

五 污水处理站实训系统

单击"污水处理系统实训"，弹出如图 4-9 所示界面。

六 配注站实训系统

双击打开"MCGS 网络版运行环境"，出现如图 4-2 所示。

输入相应班级、姓名、学号、装置号，点击"确定"，进入如图 4-3 所示界面。

在图 4-3 所示界面中选择"配水站实训实验"，出现如图 4-10 所示界面。

在此界面上可以实时监控清水罐液位、管道液体流量、注水井管道压力。

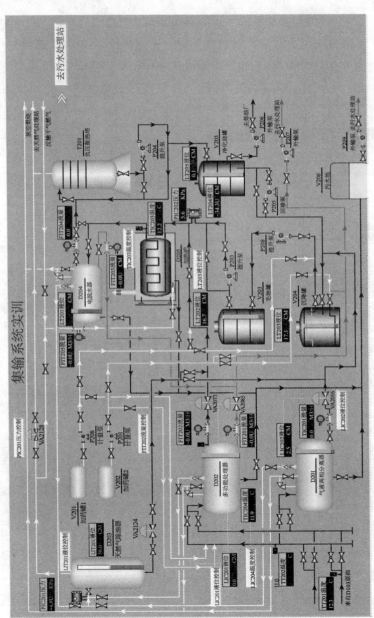

图 4-8 "集输系统实训"界面

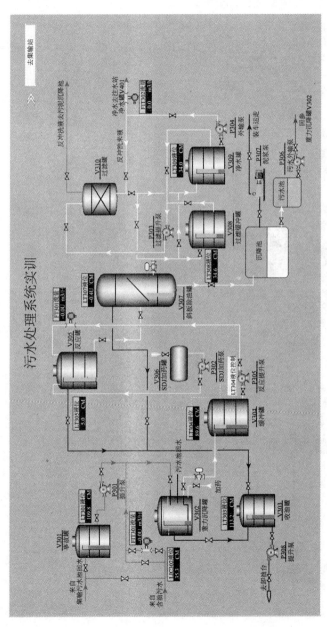

图 4-9. "污水处理系统实训"界面

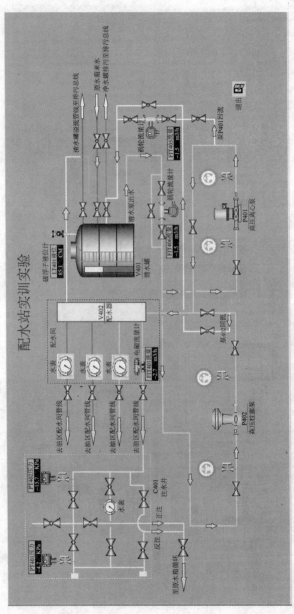

图 4-10 "配水站实训实验"界面

第五章

自动化采油综合模拟
仿真系统工艺实训

工艺流程是指流体在站内的流动过程,即由站内管线、管件、阀所组成的,与其他输油设备相连的管路系统。

工艺流程图是说明油在输油管路中输送流程的图样。工艺流程图分原理工艺流程图和施工工艺流程图两种。

第一节　采油计量站实训系统

采油计量站一般管辖其周围的几口至十几口油井,通过管线与这些井相连,可在计量站内对这些井所采出的油(液)气进行统一的管理、单井计量和向大站外输。计量站是采油井集汇油气计量的处理中心,其主要设备由采油汇管阀组(油阀组)、油气计量装置和水套炉加热区三大部分组成。

一　实训目标

(1) 应该掌握量油、测气的原理及方法;

（2）掌握加热炉加热操作及控制；

（3）掌握设备维护保养以及调整运行参数和录取运行数据的方法；

（4）熟练识读、绘制计量站工艺流程图；

（5）能熟练地在计量站量油、测气、倒井口闸门开关；

（6）会使用常用工具。

二 实训设备

集油阀组、水套炉、计量阀组、计量分离器、气体流量计、气液混合泵、多级离心泵、自喷井井口装置、抽油机井井口装置、电磁阀、多通阀。

三 工艺流程图

采油计量站工艺流程图如图 5-1 所示。

四 实训项目

项目一　原油输送流程

1. 概述

油区来液经计量间管汇区管汇或多通阀管汇区管汇进入集油汇管，根据现场输送要求，判断是否需要对原油进行加热。如需加热，则进水套炉盘管加热外输；如无需加热，则通过水套炉旁通管路直接外输。

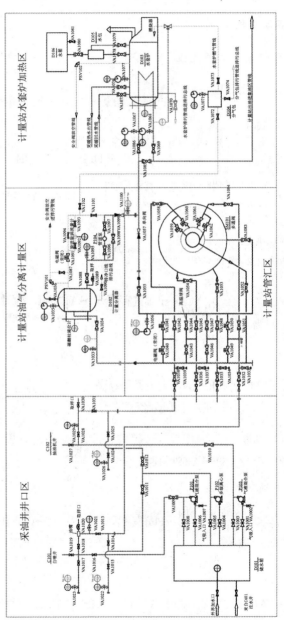

图 5-1 采油计量站工艺流程图

2.实训流程

1）阀组原油输送流程

自喷井：D101 储水箱→
- VA1006, VA1007 →P101 气液混合泵→VA1009→C101 自喷井→VA1016→VA1018→VA1013
- VA1004→P102 多级离心泵→VA1100→VA1011→C101 自喷井→VA1014

→VA1032
- VA1049（常闭电磁阀，断电，此路不通）
- VA1050（常开电磁阀，断电，此路通）
→VA1055 →VA1057 单向阀

→
- VA1065（不加热）
- VA1066→D103 水套炉→VA1069（加热）
→VA1114→集输

抽油机井：D101 储水箱→
- VA1001, VA1002 →P103 气液混合泵→VA1010→C102 抽油机井→VA1028→VA1031
- VA1004→P102 多级离心泵→VA1100→VA1012→C102 抽油机井→VA1025

→VA1038
- VA1040（常闭电磁阀，断电，此路不通）
- VA1041（常开电磁阀，断电，此路通）
→VA1055 →VA1057 单向阀

→
- VA1065（不加热）
- VA1066→D103 水套炉→VA1069（加热）
→VA1114→集输

2）多通阀原油输送流程

自喷井：D101 储水箱→
- VA1006, VA1007 →P101 气液混合泵→VA1009→C101 自喷井→VA1016→VA1018→VA1013
- VA1004→P102 多级离心泵→VA1100→VA1011→C101 自喷井→VA1014

→VA1051→VA1064→SM101 多通阀→VA1063→VA1055 →VA1057 单向阀

$$\rightarrow \begin{cases} \text{VA1065（不加热）} \\ \text{VA1066} \rightarrow \text{D103 水套炉} \rightarrow \text{VA1069（加热）} \end{cases} \rightarrow \text{VA1114} \rightarrow \text{集输}$$

$$\text{抽油机井：D101 储水箱} \rightarrow \begin{cases} \begin{cases} \text{VA1001} \\ \text{VA1002} \end{cases} \begin{cases} \rightarrow \text{P103 气液混合泵} \rightarrow \text{VA1010} \rightarrow \text{C102} \\ \text{抽油机井} \rightarrow \text{VA1028} \rightarrow \text{VA1031} \end{cases} \\ \text{VA1004} \rightarrow \text{P102 多级离心泵} \rightarrow \text{VA1100} \rightarrow \text{VA1012} \\ \qquad \rightarrow \text{C102 抽油机井} \rightarrow \text{VA1025} \end{cases}$$

$$\rightarrow \text{VA1042} \rightarrow \text{VA1058} \rightarrow \text{SM101 多通阀} \rightarrow \text{VA1063} \rightarrow \text{VA1055} \rightarrow \text{VA1057 单向阀}$$

$$\rightarrow \begin{cases} \text{VA1065（不加热）} \\ \text{VA1066} \rightarrow \text{D103 水套炉} \rightarrow \text{VA1069（加热）} \end{cases} \rightarrow \text{VA1114} \rightarrow \text{集输}$$

▓ 项目二 量油测气流程 ▓

1. 概述

在原油外输过程中需要对某一特定井来液进行计量。此时，需计量的油区来液在阀组或多通阀区管汇通过倒闸门操作将流程切换至计量流程，通过观察分离器液位计液位及旋进旋涡流量计气体流量获取数据，达到量油测气的目的。

2. 实训流程

1）阀组量油流程

$$\text{自喷井：D101 储水箱} \rightarrow \begin{cases} \begin{cases} \text{VA1006} \\ \text{VA1007} \end{cases} \begin{cases} \rightarrow \text{P101 气液混合泵} \rightarrow \text{VA1009} \rightarrow \text{C101 自喷井} \\ \qquad \rightarrow \text{VA1016} \rightarrow \text{VA1018} \rightarrow \text{VA1013} \end{cases} \\ \text{VA1004} \rightarrow \text{P102 多级离心泵} \rightarrow \text{VA1100} \rightarrow \text{VA1011} \rightarrow \\ \qquad \text{C101 自喷井} \rightarrow \text{VA1014} \end{cases}$$

$$\rightarrow \text{VA1032} \rightarrow \begin{cases} \text{VA1049（常闭电磁阀，通电，此路通）} \\ \text{VA1050（常开电磁阀，通电，此路不通）} \end{cases} \rightarrow \text{VA1084} \rightarrow \text{D102 计量分离器}$$

→VA1088→ { VA1098 ┃ VA1096→P104 管道泵→VA1097 } →VA1099 单向阀

→PT106 压力变送器→ { VA1065(不加热) ┃ VA1066→D103 水套炉→VA1069(加热) } →VA1114→集输

抽油机井:D101 储水箱→ { VA1001 ┃ VA1002 } →P103 气液混合泵→VA1010→C102 抽油机井

→VA1028→VA1031

VA1004→P102 多级离心泵→VA1100→VA1012

→C102 抽油机井→VA1025

→VA1038→ { VA1040(常闭电磁阀,通电,此路通) ┃ VA1041(常开电磁阀,通电,此路不通) } →VA1084→D102 计量分离器

→VA1088→ { VA1098 ┃ VA1096→P104 管道泵→VA1097 } →VA1099 单向阀→

PT106 压力变送器→ { VA1065(不加热) ┃ VA1066→D103 水套炉→VA1069(加热) } →VA1114→集输

2) 多通阀量油流程

自喷井:D101 储水箱→ { VA1006 ┃ VA1007 } →P101 气液混合泵→VA1009→C101 自喷井

→VA1016→VA1018→VA1013

VA1004→P102 多级离心泵→VA1100→VA1011→

C101 自喷井→VA1014

→VA1051→VA1064→SM101 多通阀→VA1052→VA1084→D102 计量分离器→

VA1088→ { VA1098 ┃ VA1096→P104 管道泵→VA1097 } →VA1099 单向阀→

PT106 压力变送器→ { VA1065(不加热) ┃ VA1066→D103 水套炉→VA1069(加热) } →VA1114→集输

抽油机井:D101 储水箱→$\begin{cases}\begin{matrix}VA\,1001\\VA\,1002\end{matrix}\Big\}→P103 气液混合泵→VA\,1010→C102 抽油机井\Big\}\\\qquad\qquad\qquad\qquad\qquad\qquad\quad→VA\,1028→VA\,1031\\VA\,1004→P102 多级离心泵→VA\,1100→VA\,1012→\\\qquad\qquad\qquad C102 抽油机井→VA\,1025\end{cases}$

→VA 1042→VA 1058→SM101 多通阀→VA 1052→VA 1084→D102 计量分离器→

VA 1088→$\begin{cases}VA\,1098\\VA\,1096→P104 管道泵→VA\,1097\end{cases}\Big\}→VA\,1099 单向阀→$

PT106 压力变送器→$\begin{cases}VA\,1065(不加热)\\VA\,1066→D103 水套炉→VA\,1069(加热)\end{cases}\Big\}→VA\,1114→集输$

3）测气流程

D102 计量分离器→VA 1091 常闭电磁阀→$\begin{cases}VA\,1094\\VA\,1092→FIT101 旋进旋涡流量计\\\qquad\qquad\qquad→VA\,1093\end{cases}$

→$\begin{cases}\begin{matrix}VA\,1101→VA\,1099 单向阀\\→PT106 压力变送器→\end{matrix}\begin{cases}VA\,1065(不加热)\\VA\,1066→D103 水套炉\\\qquad→VA\,1069(加热)\end{cases}\Big\}→VA\,1114→集输\\VA\,1102→D104 分气包→VA\,1073→D103 水套炉\end{cases}$

项目三　排污流程

1. 概述

　　模拟现场的排污流程,在设备不用时,通过各个仪器设备的排污阀将水排出,保护设备不被腐蚀。

2. 实训流程

　　分别打开 D101 储水箱、D102 计量分离器、D103 水套炉、

D104 分气包、D106 水箱的排污阀,使污水进入排污总线。

项目四 泵回水流程

1.概述

为了防止水流过快或过多,造成流程压力升高或仪器设备损坏,通过泵回水使多余的水流回到储水箱中。

2.实训流程

P101 气液混合泵:D101 储水箱→VA1006→P101 气液混合泵→VA1008→D101 储水箱

P102 多级离心泵:D101 储水箱→VA1004→P102 多级离心泵→VA1005→D101 储水箱

P103 气液混合泵:D101 储水箱→VA1001→P103 气液混合泵→VA1003→D101 储水箱

第二节 原油集输站实训系统

原油集输站是油田原油集输和处理的中枢,集输站设有输油、油气分离、原油脱水、原油稳定等生产装置,主要作用是通过对原油的处理,达到三脱(原油脱水、脱盐、脱硫,天然气脱水、脱油,污水脱油)、三回收(回收污油、污水、轻烃)、出四种合格产品(天然气、净化油、净化污水、轻烃)以及进行商品原油的外输。集输站是高温、高压、易燃、易爆的场所,是油田一级要害场所。

一 实训目标

(1)会识读油气集输工艺流程图;

（2）能绘制原油集输站集输流程图；

（3）了解和掌握集输站主要设备的结构、原理及操作要领，会对相关设备进行操作；

（4）通过使学员亲自动手旋动阀门，实现工艺流程的导通，来加强学员对流程的认识及理解。

二 实训设备

气液两相分离器、多功能处理器、天然气除油器、沉降罐、缓冲罐、加热炉、净化油罐和加药罐。

三 工艺流程图

原油集输站集输工艺流程图如图 5-2 所示。

四 实训项目

项目一 气液两相分离器油处理流程

1. 概述

油区集输来液（油气水三相混合物）通过集油管汇汇合后进入气液两相分离器进行气液分离；分离出的含水原油进入一段沉降罐进行重力沉降脱水；脱出大部分游离水后的低含水原油（含水＜30％）靠液位差进入毛油缓冲罐，经提升泵提升后进入加热炉，加热升温后进入电脱水器；电脱水器处理后的原油（含水＜0.5％～1.0％）进入净化油罐或原油稳定塔，经自压进入净

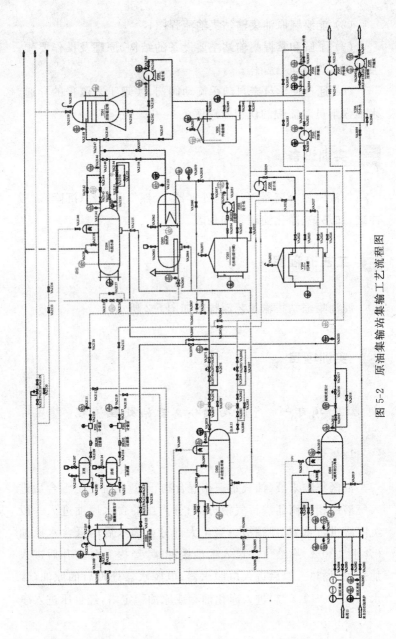

图 5-2 原油集输站集输工艺流程图

化油罐(若压力不足,可通过塔底提升泵提升进入净化油罐);原油进入净化油罐后在罐内再次进行热化学重力沉降脱水,脱出的底水经回掺泵回掺至一段原油沉降罐,进行热能和化学能的再利用,合格的净化原油经外输泵提升外输。

2. 实训流程

油区来油 $\Big\{$ VA 2001→VA 2008 (前无加药点) VA 2002→VA 2009 (前有加药点) $\Big\}$ →D 201 气液两相分离器→VA 2015→过滤器→涡轮流量计→VA 2016 电动调节阀→VA 2017 $\Big\}$

D 203 轻烃回收罐→VA 2122→VA 2123→VA 2124 电动调节阀→VA 2125→VA 2070

→VA 2020→VA 2023→V 204 沉降罐→VA 2022(前有加药点)→VA 2029→P 208 提升泵→VA 2053→

V 203 毛油罐→VA 2054→SR 203 过滤器→P 203 提升泵→VA 2055→VA 2058→VA 2059→VA 2200

→D 205 加热炉 $\Big\{$ VA 2156→VA 2145→D 204 电脱水器→VA 2143→涡轮流量计→VA 2144→VA 2131 $\Big\}$ →VA 2132→ VA 2157 $\Big\}$

$\Big\{$ VA 2147→T 201 原油稳定塔→VA 2161→VA 2163→VA 2164→P 204 提升泵→VA 2165 $\Big\}$ →VA 2050 VA 2148 $\Big\}$

→V 205 外输油罐→VA 2049 $\Big\{$ VA 2034→P 206 外输泵→VA 2035 VA 2038 $\Big\}$ →VA 2202→外输

▇ 项目二 气液两相分离器天然气处理流程 ▇

1. 概述

从分离器分离出的伴生天然气和从电脱水器分离出的伴生天然气经天然气除油器除油后,一部分经调压阀调压后与原油稳定塔分离出的塔顶气混合,并进入天然气处理装置;另一部分给加热炉燃烧器供给燃料气。除油器除去的原油再压回气液两相分离器的液出口。

2. 实训流程

油区来油 { VA2001→VA2008（前无加药点）
　　　　 { VA2002→VA2009（前有加药点） } →D201 气液两相分离器→VA2012→VA2102
　　　　　　　　　　　　　　　　　　　　→D203 轻烃回收罐→VA2105→VA2127
　　　　　　　　　　　　　　　　　　　　→VA2128 气动调节阀→VA2129

T201 原油稳定塔→VA2159 }

→VA3100→天然气处理站→VA2100→VA2134 { VA2135→涡轮流量计→VA2136
　　　　　　　　　　　　　　　　　　 { VA2137 } →D205 加热炉

▓ 项目三　气液两相分离器采出水流程 ▓

1. 概述

从一段沉降脱水罐脱出的大部分游离水靠液位差进入去采出水处理系统；从电脱水器脱出的采出水或是回掺至一段原油沉降罐，或是与一段沉降罐脱出的大部分游离水混合，并进入采出水处理系统。

2. 实训流程

1）主采出水流程

V204 沉降罐→VA2024
D204 电脱水器→VA2151→VA2152→FIT203 电磁流量计→VA2154 } →VA2042→外输

2）回掺水处理流程

V205 外输油罐→VA2048→VA2031→P205 回掺泵→VA2030
→VA2023→V204 沉降罐

▇ 项目四 多功能处理器原油处理流程 ▇

1. 概述

油区密闭来液(油气水三相混合物)通过集油管汇汇合后进入多功能处理器进行油气水三相分离,分离出的低含水原油(含水<15％)进入加热炉加热升温后进入净化油罐或原油稳定塔,稳定后的原油经自压进入净化油罐(若压力不足,可通过塔底提升泵提升进入净化油罐)。原油进入净化油罐后,在罐内再次进行热化学重力沉降脱水,脱出的底水经回掺泵回掺至一段原油沉降罐,进行热能和化学能的再利用,合格的净化原油经外输泵提升外输。

2. 实训流程

油区来油→{VA2001→VA2098 / VA2002→VA2097}→D202 多功能处理器→VA2077→涡轮流量计→VA2076→VA2074→VA2073 电动调节阀→VA2072

D203 轻烃回收罐→VA2122→VA2123→VA2124 电动调节阀→VA2125→VA2069→VA2201

→VA2060→VA2200→D205 加热炉→

{VA2156→VA2145→D204 电脱水器→VA2143→涡轮流量计→VA2144→VA2131→VA2132→ / VA2157}

{VA2148 / VA2147→T201 原油稳定塔→VA2161→VA2163→VA2164→VA2050→ / →P204 提升泵→VA2165}

V205 外输油罐→VA2049→{VA2034→P206 外输泵→VA2035 / VA2038}→VA2202→外输

■ 项目五 多功能处理器天然气处理流程 ■

1.概述

从多功能处理器分离出的伴生天然气经除油器除油后进入调压阀调压,与从原油稳定塔分离出的塔顶气混合后进入天然气处理装置。除油器除去的原油再压回多功能处理器的液出口。

2.实训流程

D202 多功能处理器→VA2090→VA2102→D203 轻烃回收罐
→VA2105→VA2127→VA2128 气动调节阀→VA2129 ⎤→VA3100→天然气处理站

原油稳定塔→VA2159 ⎦

→VA2100→VA2134 ⎰VA2135→涡轮流量计→VA2136⎱→D205 加热炉
⎱VA2137　　　　　　　　　　　⎰

■ 项目六 加药流程 ■

1.概述

该流程为原油脱水系统的辅助流程,是影响到原油脱水质量的关键。车运来的破乳剂通过转药泵将药剂转输至破乳剂药罐内,而后通过计量加药泵将药剂送至加药点。

2.实训流程

1)正相加药流程

V201 正相加药罐→VA2109→SR204 过滤器→P201 计量泵→

$$VA\,2110 \rightarrow \begin{cases} VA\,2112 \rightarrow VA\,2095 \rightarrow \begin{cases} VA\,2009 \rightarrow D201\ 气液两相分离器 \\ VA\,2097 \rightarrow D202\ 多功能处理器 \end{cases} \\ VA\,2120 \rightarrow \begin{cases} VA\,2067 \rightarrow D202\ 多功能处理器出油口 \\ VA\,2068 \rightarrow VA\,2028 \rightarrow V204\ 沉降罐出油口 \end{cases} \end{cases}$$

2）反相加药流程

V202 反相加药罐→VA 2116 →SR205 过滤器→P202 计量泵→VA 2117→

$$\begin{cases} VA2118 \rightarrow VA2096 \rightarrow \begin{cases} VA\,2009 \rightarrow D201\ 气液两相分离器 \\ VA\,2097 \rightarrow D202\ 多功能处理器 \end{cases} \\ VA2121 \rightarrow \begin{cases} D202\ 多功能处理器出水口 \\ V204\ 沉降罐出水口＋D204\ 电脱水器出水口 \end{cases} \end{cases}$$

▌ 项目七 多功能处理器采出水处理流程 ▌

1.概述

从多功能处理器分离脱出的采出水直接输至去采出水处理系统进行处理。

2.实训流程

1）采出水流程

D202 多功能处理器采出水→VA2081→FIT201 电磁流量计→VA2082→VA2084→VA2085 电动调节阀→VA2086→VA2041→VA2042→外输

2）回掺水处理流程

V205 外输油罐→VA2048→VA2031→P205 回掺泵→VA2030→VA2023→V204 沉降罐

▌ 项目八　系统排污流程 ▌

1.概述

模拟现场的排污流程,在设备不用时,通过各个仪器设备的排污阀将水排出,保护设备不被腐蚀。

2.实训流程

分别打开 D201 气液两相分离器、D202 多功能处理器、V201/V202 正反相加药罐、D204 电脱水器、D205 加热炉、V203 毛油罐、V204 沉降罐、V205 外输油罐、天然气处理站的排污阀即可。

▌ 项目九　原油稳定操作流程 ▌

1.概述

原油稳定工艺是为了降低油气集输过程中的原油蒸发损耗,回收轻烃资源。根据原油性质和原油中轻烃组分构成等,采用负压闪蒸稳定法将原油中易挥发的轻烃脱除,降低原油的蒸汽压,使其在常温常压下稳定存储和输送,被脱除的轻烃可作为石油化工的重要原料和工业与民用燃料。因此,原油稳定是降低油气损耗、综合利用油气资源的一项重要措施,对于节能降耗、减少环境污染、提高油田开发效益有重要的意义,在各油气田普遍受到高度的重视。

负压闪蒸稳定法是使被稳定的矿场原油进入原油负压稳定塔,在负压条件下闪蒸脱除易挥发的轻组分,达到稳定原油的目的。脱水后的净化原油首先进入原油稳定塔的上部,在稳定塔内进行闪蒸,塔底部的稳定原油用输油泵升压后进入净化油罐。

2. 实训流程

D205 加热炉→
{
VA 2156→VA 2145→D204 电脱水器→VA 2143
→涡轮流量计→VA 2144→VA 2131

VA 2157
}

→VA 2132→
{
VA 2147→T201 原油稳定塔→VA 2161→VA 2163
→VA 2164→P204 提升泵→VA 2165

VA 2148
}

→VA 2050→V205 外输油罐→VA 2049→

{
VA 2034→P206 外输泵→VA 2035
VA 2038
}
→VA 2202→外输

第三节　污水处理站实训系统

集输站处理出的水中的主要污染物为原油,此污水是在油田开发过程中产生的,因此称为油田含油污水。这些含油污水通常通过合理的处理后,回注地层。一般含油污水处理的过程包括沉降、撇油、絮凝、浮选、过滤和加阻垢剂、防腐剂、杀菌剂及其他化学药剂等。

一　实训目标

(1)熟练掌握污水处理工艺流程图;

(2)了解和掌握污水处理站主要设备的结构、原理及操作要领,会对相关设备进行操作。

二 实训设备

外输泵、过滤器、重力沉降罐、反应罐、电磁阀、外输泵。

三 工艺流程图

污水处理站工艺流程图如图 5-3 所示。

四 实训项目

项目一 污水一次处理至水质合格

1.概述

模拟现场污水处理流程,将污水经过层层处理,最终得到可以回注地层的净化水。

2.实训流程

集输场站 → { VA3000→P207 外输泵→VA3001→VA4002→V301 备用罐→VA3004→SR307 过滤器→P301 提升泵→VA3007 VA4000→P209 外输泵→VA3008→SR306 过滤器→VA3009→FIT301 涡轮流量计→VA3010 }

→VA3012→V302 重力沉降罐→VA3013→VA3014 电磁阀→V304 缓冲罐→VA3025→SR301 过滤器→P305 反应提升泵→VA3028→VA3035→涡轮流量计→VA3034→V305 反应罐→VA3036→VA3048→V307 斜板除油罐→VA3051→VA3052 电磁阀→VA3053→V308过滤缓冲罐→VA3056→SR303过滤器→P303过滤提升泵

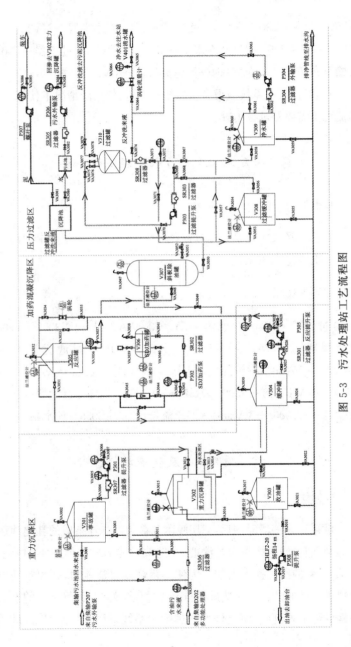

图 5-3 污水处理站工艺流程图

→VA3070→VA3075→V310过滤罐→SR308过滤器→VA3073→VA3067→VA3058→V309净水罐→VA3062→SR304过滤器→P304外输泵→VA3063→VA3064→涡轮流量计→VA3065→配水站

注:备用罐在系统或设备检修维护,需要使用的情况下使用,正常流程不需要经过备用罐。

▋ 项目二 二次污水处理流程 ▋

1.概述

模拟现场二次污水处理流程,使没有达到注水质量要求的污水进行二次净化。

2.实训流程

V310过滤罐→SR308过滤器→VA3073→VA3071→VA3053→V308过滤缓冲罐→VA3056→SR303过滤器→P303过滤提升泵→VA3070→VA3075→V310过滤罐→SR308过滤器→VA3073→VA3067→VA3058→V309净水罐→VA3062→SR304过滤器→P304外输泵→VA3063→VA3064→涡轮流量计→VA3065→配水站

▋ 项目三 反洗流程 ▋

1.概述

滤罐工作一段时间后,滤层吸附和截留的悬浮杂质的乳化油逐步达到饱和,滤料将失去过滤能力,造成过滤后的水质达不到质量要求,滤罐的压力损失增加。为使滤罐恢复过滤能力,必须定期对滤料进行反冲洗。反冲洗过程与过滤过程正好相反,将干净的水从滤罐底部引入,自下而上依次通过配水系统、承托层、滤料层,最后通过反冲排水管送回立式除油罐。

2.实训流程

V309 净水罐→VA 3062→SR304 过滤器→P304 外输泵→VA 3063→
VA 3074→V310 过滤罐→VA 3078→VA 3079→沉降池

项目四 加药流程

1.概述

由于现场污水中含有大量杂质和细菌,需要加入一定的药剂才
能达到净化水的质量要求。

2.实训流程

V306 SDJ 加药罐→VA 3041→SR302 过滤器→P302 SDJ 加药泵→
VA 3043→VA 3044→LZB - 15 转子流量计→VA 3045→V305 反应罐

项目五 收油流程

1.概述

模拟现场流程,对污水处理过程中分离出的油进行进一步的
回收。

2.实训流程

V302 重力沉降罐→VA3016
V305 反应罐→VA3031→VA3023 ⟩→V303 收油罐→P308 提升泵→VA3019→卸油台
V307 斜板除油罐→VA3049→VA3023

项目六　泥污、二次污水流程

1.概述

对于经过层层净化仍然含有大量泥沙的污水,需要回到污水池进行进一步的沉降和处理。

2.实训流程

V307 斜板除油罐→VA3050
反冲洗液 } →沉降池→ { VA3081→P307 螺杆泵→VA3085→污泥装车
VA3080→污水池→VA3082→SR305 过滤器→
P306 污水外输泵→VA3083→V302 重力沉降罐

项目七　系统排污流程

1.概述

模拟现场的排污流程,在设备不用时,通过各个仪器设备的排污阀将水排出,保护设备不被腐蚀。

2.实训流程

V301 备用罐→VA3003
V302 重力沉降罐→VA3022
V304 缓冲罐→VA3024
V303 收油罐→VA3021
V306 加药罐→VA3040
污水池→VA3100
沉降池→VA3101
V305 反应罐→VA3102
V307 斜板除油罐→VA3103
V308 过滤缓冲罐→VA3055
V309 净水罐→VA3059
V310 过滤罐→VA3104
集输场站→VA4001
} → 排污管线

第四节　配水及注水井实训系统

配水间及其内部设备是油气开采系统的重要组成部分,它们的应用与管理是采油工日常工作的一部分。

配水间是调节、控制注水井注水量的操作间。将注水站来的高压水,按油田注水方案的要求,在配水间进行控制和计量,然后将高压水通过注水阀组分配到各注水井,在高压的作用下注入到井底地层。配水间和阀组主要起稳压分流的作用。

一　实训目标

（1）应该掌握设备维护保养以及调整运行参数和录取运行数据的方法;

（2）能够识读、绘制配水、注水站工艺流程图;

（3）会调整配注水量;

（4）会使用常用工具;

（5）能更换法兰钢圈;

（6）能安装和维护水表。

二　实训设备

高压离心泵、水表、涡轮计量计、清水罐、三缸柱塞泵、配水器、注水井井口、水表、电磁流量计。

三　工艺流程图

配水及注水井工艺流程图如图 5-4 所示。

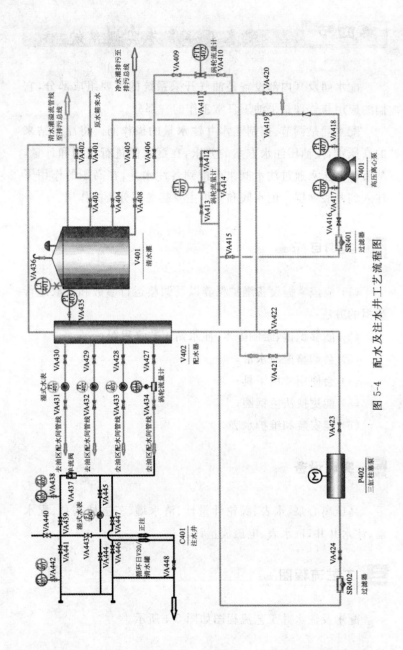

图 5-4 配水及注水井工艺流程图

四 实训项目

项目一 注水流程

1.概述

经污水处理后的净化水,经过增压后,通过各个配水站注入地层中。注水流程包括正注流程、反注流程和合注流程。

2.实训流程

1)正注流程

净化水源→VA 401→VA 403→V 401 清水罐→VA 404→

$\begin{cases} VA 414 \\ VA 412 →FIT 406 涡轮流量计→VA 413 \end{cases}$→

$\begin{cases} SR 402 过滤器→VA 424→P 402 三缸柱塞泵→VA 423→VA 422 \\ VA 415→SR 401 过滤器→P 401 高压离心泵→VA 450 单向阀→VA 419 \end{cases}$→

V 402 配水器→VA 427→FIT 401 电磁流量计→VA 434→

$\begin{cases} VA 437 单流阀→VA 439 \\ VA 445→水表 4→VA 444→VA 441 \end{cases}$→油管→VA 443 总闸门→地层

2)反注流程

净化水源→VA 401→VA 403→V 401 清水罐→VA 404→

$\begin{cases} VA 414 \\ VA 412 →FIT 406 涡轮流量计→VA 413 \end{cases}$→

$\begin{cases} SR 402 过滤器→VA 424→P 402 三缸柱塞泵→VA 423→VA 422 \\ VA 415→SR 401 过滤器→P 401 高压离心泵→VA 450 单向阀→VA 419 \end{cases}$→

V 402 配水器→VA 427→FIT 401 电磁流量计→VA 434→

$\begin{cases} VA 447 \\ VA 445→水表 4→VA 444→VA 446 \end{cases}$→套管→地层

3) 合注流程

净化水源→VA401→VA403→V401 清水罐→VA404→

$$\left\{\begin{array}{l}\text{VA414} \\ \text{VA412}\rightarrow\text{FIT406 涡轮流量计}\rightarrow\text{VA413}\end{array}\right\}$$

$$\left\{\begin{array}{l}\text{SR402 过滤器}\rightarrow\text{VA424}\rightarrow\text{P402 三缸柱塞泵}\rightarrow\text{VA423}\rightarrow\text{VA422} \\ \text{VA415}\rightarrow\text{SR401 过滤器}\rightarrow\text{P401 高压离心泵}\rightarrow\text{VA450 单向阀}\rightarrow\text{VA419}\end{array}\right\}$$

V402 配水器→VA427→FIT401 电磁流量计→VA434→

$$\left\{\begin{array}{l}\text{VA437 单向阀}\rightarrow\text{VA439}\rightarrow\text{油管}\rightarrow\text{VA443 总闸门} \\ \text{VA447}\rightarrow\text{套管}\end{array}\right\}\rightarrow\text{地层}$$

项目二 调节注水量流程

1. 概述

模拟现场注水需要,对注水井的注水量进行调整。

2. 实训流程

1) 泵调节注水量流程

净化水源→VA401→VA403→V401 清水罐→VA404→

$$\left\{\begin{array}{l}\text{VA414} \\ \text{VA412}\rightarrow\text{FIT406 涡轮流量计}\rightarrow\text{VA413}\end{array}\right\}$$

$$\left\{\begin{array}{l}\text{SR402 过滤器}\rightarrow\text{VA424}\rightarrow\text{P402 三缸柱塞泵}\rightarrow\text{VA423}\rightarrow\text{VA421} \\ \text{VA415}\rightarrow\text{SR401 过滤器}\rightarrow\text{P401 高压离心泵}\rightarrow\text{VA450 单向阀}\rightarrow\text{VA420}\end{array}\right\}$$

$$\left\{\begin{array}{l}\text{VA411} \\ \text{VA410}\rightarrow\text{FIT405 涡轮流量计}\rightarrow\text{VA409}\end{array}\right\}\rightarrow\text{VA406}\rightarrow\text{VA405}\rightarrow\text{排污总线}$$

2) 配水器调节注水量流程

净化水源→VA401→VA403→V401 清水罐→VA404→

$$\begin{cases} VA414 \\ VA412 \rightarrow FIT406 涡轮流量计 \rightarrow VA413 \end{cases} \rightarrow$$

$$\begin{cases} SR402 过滤器 \rightarrow VA424 \rightarrow P402 三缸柱塞泵 \rightarrow VA423 \rightarrow VA422 \\ VA415 \rightarrow SR401 过滤器 \rightarrow P401 高压离心泵 \rightarrow VA450 单向阀 \rightarrow VA419 \end{cases} \rightarrow$$

V402 配水器 → VA402 → VA403 → V401 清水罐

项目三　洗井流程

1. 概述

注水井经过一段时间的注水后,就会有一些杂质存于井筒内,因此需要对水井进行洗井。洗井流程分为正洗流程和反洗流程。

2. 实训流程

1) 正洗流程

净化水源 → VA401 → VA403 → V401 清水罐 → VA404 →

$$\begin{cases} VA414 \\ VA412 \rightarrow FIT406 涡轮流量计 \rightarrow VA413 \end{cases} \rightarrow$$

$$\begin{cases} SR402 过滤器 \rightarrow VA424 \rightarrow P402 三缸柱塞泵 \rightarrow VA423 \rightarrow VA422 \\ VA415 \rightarrow SR401 过滤器 \rightarrow P401 高压离心泵 \rightarrow VA450 单向阀 \rightarrow VA419 \end{cases} \rightarrow$$

V402 配水器 → VA427 → FIT401 电磁流量计 → VA434 → VA437 单流阀 →

VA439 → 油管 → VA443 总闸门 → 套管 → VA446 → VA451 → VA453 → 排污管线

2) 反洗流程

净化水源 → VA401 → VA403 → V401 清水罐 → VA404 →

$$\begin{cases} VA414 \\ VA412 \rightarrow FIT406 涡轮流量计 \rightarrow VA413 \end{cases} \rightarrow$$

$$\begin{cases} SR402 过滤器 \rightarrow VA424 \rightarrow P402 三缸柱塞泵 \rightarrow VA423 \rightarrow VA422 \\ VA415 \rightarrow SR401 过滤器 \rightarrow P401 高压离心泵 \rightarrow VA450 单向阀 \rightarrow VA419 \end{cases} \rightarrow$$

V402 配水器→VA427→FIT401 电磁流量计→VA434→VA447→套管→油管
→VA443 总闸门→VA441→VA451→VA453→排污管线

项目四　系统排污、防溢流流程

1. 概述

模拟现场的排污流程,在设备不用时,通过各个仪器设备的排污阀将水排出,保护设备不被腐蚀。同时,为了防止水量过大造成系统压力过大及系统设备损坏,对系统进行防溢流处理。

2. 实训流程

1）排污 V401
清水罐→VA405→排污管线
2）防溢流 V401
清水罐→VA454→VA455→排污管线

参考文献

[1] 张长山. 泵和压缩机. 北京:石油工业出版社,1997.

[2] 郭揆常. 矿场油气集输与处理. 北京:中国石化出版社,2009.

[3] 金山. 石油计量. 北京:中国计量出版社,2005.

[4] 林存瑛. 天然气矿场集输. 北京:石油工业出版社,1997.

[5] 中国石油天然气总公司劳资局. 输油工. 北京:石油工业出版社,1998.

[6] 于遵宏,王兰田,钱家麟. 管式加热炉. 北京:烃加工出版社,1987.

[7] 姜卫忠,黄新农. 设备检修安全. 北京:中国石化出版社,2006.

[8] 中国石油天然气集团总公司规划设计总院. 油气田常用阀门选用手册. 北京:石油工业出版社,2000.

[9] 曾强鑫. 油品计量基础. 北京:中国石化出版社,2003.

[10] 唐孟海,胡兆灵. 原油蒸馏. 北京:中国石化出版社,2007.

[11] 王遇东. 天然气处理原理与工艺. 北京:中国石化出版社,2007.

[12] 王福利. 压缩机. 北京:中国石化出版社,2007.

[13] 薛敦松. 泵. 北京:中国石化出版社,2007.

[14] 贾鹏林,娄世松,楚喜丽. 原油电脱盐脱水技术. 北京:中国石化出版社,2010.

[15] 王遇东,何东平. 天然气处理与安全. 北京:中国石化出版社,2008.

[16] 刘向臣,张秉淑.石油和化工装备事故分析与预防.北京:化学工业出版社,2010.

[17] 黄春芳.油气管道仪表与自动化.北京:中国石化出版社,2009.

[18] 孟几芹,赵鹏程.油气库仪表与自动化.北京:中国石化出版社,2008.

[19] 《石油化工仪表自动化培训教材》编写组.测量仪表.北京:中国石化出版社,2009.

[20] 王大勋.钻采仪表及自动化.北京:石油工业出版社,2006.

[21] 王文良.石油计量与检测技术概论.北京:石油工业出版社,2009.

[22] 蒋杨贵.输油技术读本.北京:石油工业出版社,2003.

[23] 中国石油天然气集团公司人事服务中心.轻烃装置操作工.北京:石油工业出版社,2004.

[24] 蒋红,刘武.原油集输工程.北京:石油工业出版社,2006.

[25] 王光然.油气集输.北京:石油工业出版社,2006.

[26] 刘德绪.油田污水处理工程.北京:石油工业出版社,2001.

[27] 沈琛,油田污水处理工艺技术新进展,中国石化出版社,2008.

[28] 李化民.油田含油污水处理.北京:石油工业出版社,1992.

[29] 万仁溥,罗英俊.采油技术手册(第十分册)(第二分册).北京:石油工业出版社,1992.

[30] 刘振武,方朝亮.石油科技进展综述.北京:石油工业出版社,2006.

[31] 刘华印,叶学礼.石油地面工程技术进展.北京:石油工业出版社,2006.